Bibliografische Information der Deutschen Nationalbibliothek:

Die Deutsche Bibliothek verzeichnet diese Publikation in der Deutschen National-
bibliografie; detaillierte bibliografische Daten sind im Internet über http://dnb.d-
nb.de/ abrufbar.

Impressum:

Copyright © 2009 GRIN Verlag, Open Publishing GmbH
Druck und Bindung: Books on Demand GmbH, Norderstedt Germany
ISBN: 9783640496327

Dieses Buch bei GRIN:

http://www.grin.com/de/e-book/139591/algorithmen-zur-musterverarbeitung-in-
optimierungsstrategien-nach-dem-vorbild

Michael Dienst

Algorithmen zur Musterverarbeitung in Optimierungsstrategien nach dem Vorbild der biologischen Signaltransduktion

GRIN Verlag

GRIN - Your knowledge has value

Der GRIN Verlag publiziert seit 1998 wissenschaftliche Arbeiten von Studenten, Hochschullehrern und anderen Akademikern als eBook und gedrucktes Buch. Die Verlagswebsite www.grin.com ist die ideale Plattform zur Veröffentlichung von Hausarbeiten, Abschlussarbeiten, wissenschaftlichen Aufsätzen, Dissertationen und Fachbüchern.

Besuchen Sie uns im Internet:

http://www.grin.com/

http://www.facebook.com/grincom

http://www.twitter.com/grin_com

Beuth Hochschule für Technik, Berlin
University of Applied Sciences Berlin, Germany
Bionic Research Unit, FB Maschinenbau, Umwelt- und Verfahrenstechnik

Algorithmen zur Musterverarbeitung in Optimierungsstrategien nach dem Vorbild der biologischen Signaltransduktion

Beuth-Hochschule für Technik
University of Applied Sciences Berlin, Germany
FB VIII Maschinenbau, Umwelt- und Verfahrenstechnik
Fachgruppe BIONIC RESEARCH UNIT
Dipl.-Ing. Michael Dienst

Evolutionäre Algorithmen basieren auf dem essentiellen Vokabular der biologischen Evolution. Artifizielle Muster sind die Grundlage für Erweiterungen klassischer Strategien hinsichtlich einer Simulation von Wachstum, Differenzierung und Szenarien innerer Selektion. Der Aufsatz stellt ein Konzept für die interne Informationsverarbeitung nach dem Vorbild der biologischen Signaltransduktion dar, nennt die biologischen Grundlagen des Computermodells und gibt eine Implementierung in MATLAB an.

Evolutionary algorithms are founded on the essential vocabulary of biological evolution. Artificial patterns are the basis for extensions of classical strategies in terms of a simulation of growth, differentiation and internal selection. The paper presents an approach to internal information-processing on the model of the biological signaltransfer, also the biological foundations of the computer model and an implementation in MATLAB.

Die **BIONIC RESEARCH UNIT** ist eine forschungsbezogene Fachgruppe für Lehrende und Studierende an der Beuth-Hochschule für Technik Berlin.

Biologische Optimierung

Das biologische Leben auf unserem Planeten entstand in einer unermesslichen Vielfalt an Form, Gestalt und Funktion. Die Entwicklung der Lebewesen, ihre Anpassung an eine sich wandelnde Umgebung und letztlich die gegenseitige Wechselwirkung des „Außen" auf das „Innen" der Organismen, erfolgte und erfolgt in einem komplexen Zusammenspiel zeitlich und örtlich verschachtelter Entstehungs- und Entwicklungsprozesse. Evolution, Individualentwicklung und das Agieren der Wesen in komplizierter Umgebung spannen ein hochdimensionales, auf verschiedenen Prozessebenen ineinander verschränktes Szenario auf.

Neben dem traditionellen, auf Erkenntnisgewinn hinsichtlich Mechanismen und Gesetzmäßigkeiten zielenden Bemühen, die Entschlüsselung der Prinzipien der belebten Natur, das Aufklären der evolutionsbiologischen Phänomene, die analytische Beschreibung der prozessualen Zusammenhänge und ihre Darstellung in physikalischen Modellbildungen, wächst den Wissenschaften fachbereichs-übergreifend die Aufgabe zu, die Ergebnisse der Biosystemanalyse für die angewandten Ingenieurwissenschaften verfügbar zu machen. Dies mit dem Ziel, zukünftige Technik in einer komplexer werdenden Welt ökologisch verträglich und ergänzend zu formulieren.

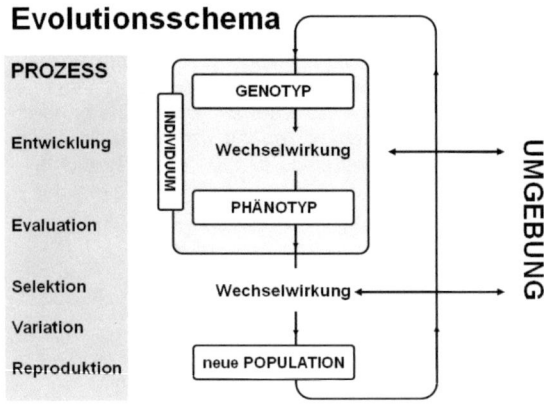

Abb 1. Evolutionsschema.

Resultate der natürlichen Evolution, die Gepasstheit biologischer Wesen und ihre bis an die Grenzen des physikalisch Möglichen optimierten Formen und Funktionen, sind Motiv vieler Ingenieurwissenschaftler die Mechanismen der biologischen Entwicklung als eine Methode zu verstehen, die auch zur Konditionierung künstlicher Systeme taugt.

Evolution ist, auf einer abstrakten Ebene betrachtet, die Entwicklung der unbelebten und belebten Natur aus ihren innewohnenden Gesetzmäßigkeiten heraus, als Evolutionsschema mit diskretem Repertoire und Vokabular erkennbar (Abb.1). In diesem Sinne darf die biologische Evolution als eine Strategie verstanden werden, die im Laufe von Milliarden Jahren nicht nur die Form, Gestalt und Funktionen rezenter Lebewesen hervorgebracht, sondern auch sich selbst immer weiter optimiert hat.

Artifizielle Optimierung

Die Frage, welche der uns bekannten Mechanismen der biologischen Evolution und Individualentwicklung zur Formulierung von Optimierungsstrategien für Artefakte beschrieben, genutzt und eingesetzt werden können, ist Gegenstand aktueller ingenieurwissenschaftlicher Diskussion. Evolutionsstrategien (ES) und Genetische Algorithmen (GA), die bekanntesten Strategieansätze unter den Evolutionären Algorithmen (EA), arbeiten mit dem essentiellen Vokabular der biologischen Evolution (Tabelle1). Strategieentwickler greifen auch Modellvorstellungen der genetischen Rekombination, der Populationsdynamik und andere Analogien zur biologischen Evolution auf [Rec-94] [Sche-85] [Schw-95].

Evolutionäre Algorithmen wenden das Evolutionsschema auf mathematisch modellierbare Optimierungsaufgaben an. In einem einfachsten Szenario werden zunächst Kopien eines artifiziellen Startsystems erstellt (Mutation). Zufällige Modifizierungen führen auf eine Schar von Varianten des Elter-Systems (Variation).

Tabelle1 (1,λ) EVOLUTIONSSTRATEGIE				
PROZESS			**PARAMETER**	**GENERATION**
1		bester Nachkomme	Vb	G – 1
2	Reproduktion	ein Elter	Ve	G
3	Variation		Vm = VAR (Ve)	G
4	Evaluation	m Nachkommen	Q(vm) = max	G
5	Selektion	bester Nachkomme	Vb	G

MUTANTEN und ELTER bilden ein gemeinsames Selektionsensemble. In jeder Generation werden alle Variationen des aktuellen Elter mittels einer Zielfunktion bewertet und die Qualität aller Systeme ermittelt. Aus der Schar bewerteter Systeme wird ein neuer, aktueller Elter für die folgende Generation erwählt (Selektion). Mit der Variation dieses Elter-Systems setzt sich die Kampagne fort. Auf diese Weise steigt die Qualität des Ensembles von Generation zu Generation, bzw. fällt nicht hinter die des aktuellen Elter zurück. Evolutionäre Algorithmen, als lokale Suchverfahren für komplexe, hochdimensionale Qualitätenräume, untersuchen den Phänotyp eines Zielsystems und somit das „äußere Evolutionsgeschehen" [Kah91]. Der Code Evolutionärer Algorithmen ist sehr kompakt. In Abb.2 ist eine Implementierung einer (1,l)-Evolutionsstrategie in MATLAB dargestellt.

Mit dem Grad der Nachahmung der biologischen Evolution nimmt die Güte der Optimierungsleistung der Algorithmen zu [Kos-03] [Her-00] [Her-05]. Aktuelle Bemühungen der Weiterentwicklung von Optimierungsumgebungen für komplexe Aufgabenstellungen zielen auf die Kartierung des bereits in vorangegangenen Iterationsschritten untersuchten Qualitätsgeländes mit so genannten Sobol-Sequenze-Strategien [Curb01].

Abb. 2. Implementierung einer musterbasierten Evolutionsstrategie mit Transduktionskern in MATLAB.
Die Erweiterungen des Codes gegenüber einer Standard-ES sind farblich hervorgehoben.

```
function e=TR_Evo(Gen,Mu,dim);              // Transduktions-(1,L)-ES m. globaler SW
clear all;  gfreq=10; count=0;              // reset
d=1e-6; alfa = 1.3;          db =d;  de =d;  dm =d;   // Schrittweite
qsto=zeros(1,Gen); q=1e30;   qb =q;  qe =q;  qm =q;   // Qualität
v= MUSTER_002(dim,10,5);     vb= v;  ve= v;  vm =v;   // StartMuster
                             vtr= v;  buff= v;        // Hilfsvariablen
  for g=1:Gen                                // Gen..begins
    for m=1:Mu                               // Mu..begins
    z0=rand(dim,1,'normal' );                // nvert.ZZ ;
    if rand()<.5, dm=de/alfa; else dm=de*alfa; end;   // Schrittweitensteuerung
    vm=ve+( dm* z0' );                       // Mutation
    vtr = real(fft(vm));                     // Transduktion:
    buff= nofDim(vtr,10);                    // Auswahl von Spektralkomponenten
    qm = Line(buff);                         // Qualität
    if qm<qb,qb=qm;vb=vm;db=dm; end;         // Elektion
    end;                                     // Mu..ends
    qe=qb; ve=vb; de=db;  qsto(g)=qe;        // Erben
    Eval_SHO(dim,ve,g,Gen,qsto); end;        // Zeigen
  end;                                       // Gen..ends
  e=qb;                                      // eval Fu
endfunction;
```

Der biologische Gestaltaufbau.

Biologische Systeme besitzen die Fähigkeit ihre komplexe Struktur in jedem
Generationenzyklus neu aufzubauen. Auf allen Organisationsebenen tauchen
phänotypische Variationen von Struktur und Funktion auf, deren Ursachen die
Veränderung der genetischen Information sind. Die Expression des Genotyps in
einen Phänotyp ist ein komplexer, vielstufiger Prozess der Translation und
Interpretation des genetischen Materials in funktionsstiftende Zellbausteine
[Nüss07]. Eigen erklärt diesen Vorgang als einen Prozess von ineinander
verwobenen Hyperzyklen bei denen durch die Expression von Genen erzeugte
Stoffwechselprodukte in der Lage sind, mittelbar andere Gene gezielt ein- und
auszuschalten [Eig71].

Die grundlegende Information zum biologischen Gestaltaufbau ist in der in der
DNS gespeichert und die organisatorische Basis jeglicher morphogenetischer
Vorgänge der Entwicklung der Lebewesen. Die Morphogenese makrokosmischer
Strukturen geht auf mikrokosmische Phänomene zurück und die
Informationsverarbeitung beim biologischen Gestaltaufbau ist hierarchisch

aufgebaut. Ihr Fundament bildet die DNA, die mit 4 unterschiedlichen Sprachsymbolen auskommt: Adenin, Cytosin, Guanin und Thymin. Das DNA-Sprachsystem seinerseits codiert 20 Aminosäuren. Diese bilden die Grundbausteine aller Eiweiße und Proteine. Durch unterschiedliche Reihenfolge, Länge und Faltung übernehmen sie verschiedenartige Aufgaben der Form- und Funktionsentstehung. Die heute wohl überzeugendste Theorie zur Entstehung des Lebens basiert auf der Gültigkeit der Naturgesetze und einer Art „Molekulardarwinismus", der für immer komplexere Strukturen gesorgt hat. Beim biologischen Gestaltaufbau bewirken mehrstufige Rückkopplungsprozesse, dass während der Embrionalentwicklung für verschiedene Zellen spezifische Gene aktiviert werden, welche ihrerseits die Zelldifferenzierung und die weitere morphogenetische Entwicklung steuern. Zellen gewinnen auf diese Weise Positionsinformationen aus den chemischen Vormustern, den morphogenetischen Gradienten; dies ist von entscheidender Bedeutung für die Entstehung komplexer Muster und Gestalt bei der evolutionären Entstehung morphologischer Strukturen während der Embriogenese.

Gewebe und Organe müssen im gesamten zeitlich-räumlichen Kontext des biologischen Funktions- und Gestaltaufbaus eines Lebewesens, von der Embriogenese bis zum Agieren des Organismus im Habitat, funktionieren. Einerseits unterliegt das innere Milieu des Wesens einer permanenten funktionalen Bewertung, die kausal gekoppelt ist mit der Gepasstheit des exprimierten Organismus im Habitat. Diese besitzt einen entsprechenden positiven Selektionswert, der über die Verbreitung der genotypischen Variante in der Population entscheidet. Die Bildung einer funktionellen "inneren" Struktur folgt auch solchen organismusspezifischen Bedingungen, die von äußeren Umwelteinflüssen unabhängig sind. Jeder Organismus verfügt über ein fein abgestimmtes "Binnenmilieu". Daraus folgt, dass der Fähigkeit zu einer Adaption an das Habitat und zur Selbsterhaltung, also der „äußeren Selektion", eine die molekularen, zellulären und organischen Veränderungen bewertende Instanz vorausgeht.

Konzept einer musterunterstützten Optimierungsstrategie.
Die Mechanismen der Selektion in herkömmlichen Optimierungsstrategien zielen ausschließlich auf den Phänotyp des Artefakten. Funktion und Gestalt des artifiziellen Systems werden zur Ermittlung der Systemqualität evaluiert. Gegenstand der Variation sind die beschreibenden Parameter des zu untersuchenden Systems.

Für Optimierungsstrategien, die ein Modell innerer Selektion nach dem Vorbild der Entwicklungsprozesse lebendiger Organismen simulieren, erscheint es vorteilhaft, das Rahmenschema der biologischen Evolution als Bestandteil der Strategie zu übernehmen und gleichzeitig eine Modellvorstellung zu erarbeiten, deren Zentrum eine hierarchisch staffelbare, innere Informationsverarbeitung darstellt. Der hier vorgestellte Lösungsansatz ist im Sinne einer, auf der Basis artifizieller Muster arbeitende, algorithmische Plattform für klassische Evolutionsstrategien konzipiert, auf der Wachstums- und Differenzierungsszenarien stattfinden, eine Konsolidierung von Informationen über die Entwicklungsvergangenheit möglich ist und Mechanismen innerer Selektion eine Konditionierung des Gesamtsystems simuliert werden können. Das Motiv für eine derartige algorithmische Plattform ist die Fähigkeit von (biologischen) Mustern, aus einem „einfachen" Anfangssignal und unter Verwendung (globaler) Information „komplexe Endzustände" zu entwickeln. Hierzu wurden in der Vergangenheit Algorithmen entwickelt (Genesetransformation), die Muster verarbeitende Prozesse der biologischen Embriomalgenese simulieren [Die05][Die06]. Es kann gezeigt werden, dass die Charakteristiken der Genesetransformation unter Selektionsdruck adaptieren und somit dieses Modell geeignet erscheint, Grundlage für Optimierungsstrategien mit „innerer Selektion" zu sein [Die07].

Tabelle2

(1,λ) EVOLUTIONSSTRATEGIE mit TRANSDUKTION

	PROZESS		PARAMETER	MUSTER	GENERATION
1	Reproduktion	bester Nachkomme		Mb	G – 1
2		ein Elter		Me	G
3	Variation			Mm=VAR(Me)	G
4	Transduktion	m	Vm = T (Mm)		G
5	Evaluation	Nachkommen	Q(Vm) = max		G
6	Selektion	bester Nachkomme		Mb	G

Es wird nun das äußere Kalkül einer musterunterstützten Optimierungsstrategie vorgestellt (Tabelle2). Die Qualitätsermittlung findet weiterhin auf der Ebene des (technischen) Phänotypen statt, die Variation im Sinne des Evolutionsschemas erfolgt auf der Ebene der artifiziellen Vormuster. Diese Vormuster repräsentieren später das Erzeugendensystem des Artefakten.

Funktion und Gestalt des Systems werden über die Systemparameter bestimmt. In Modellrechnungen sind die Systemparameter mit den sogen. Objektvariablen des Modellsystems identisch. Objektvariablen, respektive Systemparameter stellen den artifiziellen Phänotypen und seine (System-) Eigenschaften dar und sind, in Analogie zu den klassischen Optimierungsschemata GA und ES, einer Evaluation zugänglich.

Biologische Transduktion

Das Modell eines artifiziellen Vormusters gestattet mit den Mitteln einer (systeminneren) Signalverarbeitung, Systementwicklungsvorgänge zu entwerfen und Prozesse zu simulieren, wie sie bei der biologischen Ontogenese auf der Ebene chemischer Vormuster beobachtet werden. Es zeigt sich, dass dafür der

Übergang von Muster basierten Informationen auf Parameter basierten Informationen explizit modelliert werden muss.

In der Biologie werden mit „Signaltransduktion" Prozesse bezeichnet, mit denen Zellen auf (äußere) chemische Reize reagieren, sie umwandeln und in das Innere der Zelle weiterleiten. An den biologischen Signalübermittlungsvorgängen sind zahlreiche Proteine, Enzyme und sekundäre Botenstoffe beteiligt. Zu den zentralen Akteuren zählen die Proteine des Hedgehog- Signalwegs. Dieser trat in der Evolutionsgeschichte sehr früh auf und besitzt eine wichtige Funktion bei der Embrionalentwicklung von Tieren. Die Mitglieder der Hedgehog- Proteinfamilie (sonic hedgehog, indian hedgehog und desert hedgehog) werden oft als Morphogene bezeichnet. Hedgehog-Proteine werden in Organisationszentren gebildet und diffundieren von dort in das benachbarte Gewebe. Die Organisation jener örtlich verteilten lokalen Signale, die eine ortsabhängige Zelldifferenzierung bewirken, sind als sich räumlich-zeitlich verändernde dreidimensionale Muster von Stoffkonzentrationen darstellbar. Kennzeichnend für den biologischen Gestaltaufbau ist, dass Inhomogenitäten in der Stoffverteilung aus gleichmäßig verteilten Ausgangsmustern entstehen können.

Konzept einer artifiziellen Signaltransduktion.
Das markanteste Merkmal des Hedgehog-Signalübermittlungsvorgangs ist die gleichzeitige Existenz eines graduell, räumlich verteiltem Signals und eines fest verortetem, diskretem Signalereignises. Mit dem Übergang von einer hierarchischen Organisationsstufe zur nächsten wird dieselbe Information aus zwei Blickrichtungen betrachtet: Das Muster und das vom Muster ausgelöste Differenzierungsereignis tauchen als zwei Erscheinungsformen der gleichen Information auf. Eine Modellierung der biologischen Transduktion führt nahezu unmittelbar auf die Darstellung der Koexistent eines kontinuierlichen Musters und seinem diskreten Intensitätsspektrum. Mathematisch gesehen bedarf es lediglich einer (möglichst reversiblen) Abbildung.

Fouriertransformationen leisten eine Abbildung von einem gegebenen Wertebereich in den Spektralbereich. Zunächst wird ein Signal als Kurvenpunkte über eine Ortskoordinate dargestellt. Um dieses eindimensionale Muster weiter zu verarbeiten, erfolgt die Darstellung der Amplitudenwerte als eine Superposition mehrerer Sinus- bzw. Cosinus- Formen [Mef04]. Mit den Transformationskoeffizienten erhält man das Frequenzspektrum des Signals. Die Fouriertransformation ist das methodische Konstrukt eines Transduktionskerns im Konzept der Muster verarbeitenden Optimierungsstrategie. Im Innern der Strategie wird das Muster dann „bespielbar", eine wichtige Voraussetzung für zukünftige Implementierungen, bei denen es möglich sein soll, das endogene Evolutionsgeschehen und eine innere Repräsentation des vieldimensionalen Qualitätsgebirges darzustellen.

Diese endogene Repräsentationsplattform ist Gegenstand rezenter Forschung an der TFH Berlin. Mit dem Transduktionsmodell wird eine Übergangsbedingung geschaffen, die den Informationstransfer von einer inneren, endogenen Welt der Muster in die Parameterwelt der Objektvariablen leistet. Der Code einer Muster basierten Optimierungsstrategie sehr einfach und besteht aus nur wenigen Programmzeilen. Abb2 zeigt eine Implementierung einer (1,l)-Evolutionsstrategie mit Transduktionskern in MATLAB.

Bibliographie

[Con96] Conway, J. H., Guy, R. K., (1996) The Book of Numbers. New York: Springer-Verlag, pp. 283-284,

[Cal02] Calistrate, D.; Paulhus, M; Wolfe, D. (2002) On the Lattice Structure of Finite Games. In: More Games of No Chance. Cambridge: Cambridge University Press: 25-30.

[Die09-3] Dienst, Mi.(2009) Artifizielle Evolution Heute. Optimieren nach dem Vorbild der Natur. GRIN-Verlag GmbH München. ISBN: 978-3-640-39858-4. ISBN (E-Book): 978-3-640-39834-8

[Die06-1] Dienst, M., (2006) Eine Optimierungsumgebung für Genesetransformationen. In Forschungsberichte 2006 der TFH Berlin, S. 115-117. Publikationen der Technischen Fachhochschule Berlin. ISBN 3-938576-07-3

[Die05] Dienst, M., (2005) Genesetransformation. Ein Algorithmus zur Synthese von Signalen nach dem Vorbild der biologischen Musterbildung. In Forschungsberichte 2005 der TFH Berlin, S. 190 – 193. Publikationen der Technischen Fachhochschule Berlin.

[Eig71] Eigen, M., (1971) Selbstorganisation und Evolution. In: Naturwissenschaften Bd. 58(10), S. 465 - 523, 1971

[Ger95] Gerhardt, M., Schuster, H. (1995): Das digitale Universum. Zelluläre Automaten als Modelle der Natur. Vieweg, Braunschweig.

[Gie72] Gierer, A., und Meinhard, H., (1972) A Theorie of biological Pattern Formation. Kybernetic 12, 30-39.

[Her00] Herdy, Michael, (2000) Beiträge zur Theorie und Anwendung der Evolutionsstrategie. Mensch und Buch Verlag, Berlin.

[Her05] Herdy, Michael, (2005) Anwendung der Evolutionsstrategie in der Industrie. In Evolution zwischen Chaos und Ordnung. S. 123 – 138. Freie Akademie Verlag, Bernau.

[Kah91] Kahlert, J. (1991) Vektorielle Optimierung mit Evolutionsstrategien und Anwendungen in der Regelungstechnik. VDI Verlag, Reihe 8 Nr. 234.

[Kos03] Kost, Bernd, (2003) Optimierung mit Evolutionsstrategien. Harri Deutsch Verlag, Frankfurt a. M.

[Lov88]   Lovelock, J., (1988) The ages of Gaya. W.W. Norton, New York

[McC65]   McCulloch, W., (1965) Embodiment of minds. Cambridge: Cambridge University Press: 25-30.

[Mef04]   Meffert, B., Hochmut, O. (2004) Werkzeuge der Signalverarbeitung. Pearson-Studium, München.

[Mei01]   Meinhard, H., (2001) Auf- und Abbau von Mustern in der Biologie. In Biologie in unserer Zeit, (31), 01.

[Mei82]   Meinhard, H., (1982) Models of biological pattern formation. Academic Press, London.

[Mei84]   Meinhard, H., (1984) Models for positional signalling. J. Embriol. Exp. Morph. 83:289-311.

[Mon71]   Monod, Jacques, (1971) Zufall und Notwendigkeit. Piper Verlag, München

[Mor03]   Mortimer, Ch., Müller, U. (2003) Das basiswissen der Chemie, Thieme Verlag Stuttgart.

[Nie83]   Niemann, H., (1983) Klassifikation von Mustern. Springer, Berlin, Heidelberg.

[Nie90]   Niemann, H., (1990) Pattern Analysis and Understanding, Springer Series in Information Sciences 4. Berlin.

[Pru94]   Prusinkiewicz, P., (1994) Visual models of morphogenesis. Artificial Life, 1(1/2):67-74.

[Rec94]   Rechenberg, Ingo, (1994) Evolutionsstrategie. Frommann Holzboog Verlag Stuttgart- Bad Cannstatt.

[Rie75]   Riedl, R., (1975) Die Ordnung des Lebendigen. Systembidingungen der Evolution. Parey Buchverlag Berlin.

[Sche85]   Scheel, Armin (1985) Beitrag zur Theorie der Evolutionsstrategie. Dissertation, TU Berlin.

[Schw95]   Schwefel, H. – P. (1995) Evolution and Optimum Seeking. John Wiley & Sons. New York.

[Tur52]   Turing, A., (1952) The chemical basis of morphogenesis. Philosophical Transactions of the Royal Society B, 237:37-72.

[Wol99]   Wolpert, L., (1999) Entwicklungsbiologie, Spektrum Akademischer Verlag, Heidelberg

Kontakt:

Die **BIONIC RESEARCH UNIT** ist eine forschungsbezogene Fachgruppe für Lehrende und Studierende an der Beuth Hochschule für Technik Berlin und Partner für industrielle Dienstleistungen auf dem Wissensgebiet der Bionik.

Dipl.-Ing. Michael Dienst

Beuth Hochschule für Technik Berlin,

BIONIC RESEARCH UNIT / FB VIII, Maschinenbau

Luxemburger Str. 10,

D - 13353 Berlin-Wedding

BEI GRIN MACHT SICH IHR WISSEN BEZAHLT

- Wir veröffentlichen Ihre Hausarbeit,
  Bachelor- und Masterarbeit

- Ihr eigenes eBook und Buch -
  weltweit in allen wichtigen Shops

- Verdienen Sie an jedem Verkauf

**Jetzt bei www.GRIN.com hochladen
und kostenlos publizieren**